DVD付き

新幹線大集合！
スーパー大百科

E7系
あさま

D1809254

成美堂出版

もくじ

いっしょに
くわしくなろう！

鉄道写真家
山﨑友也先生

新幹線に

まずはこの本の読み方を覚えましょう。この本には新幹線に関する色々なデータがしょうかいされています。たくさん読んでもっともっと新幹線にくわしくなりましょう！

DVDマーク　　**早見表**

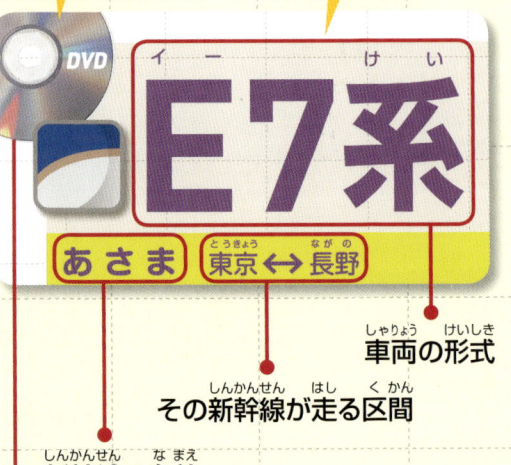

車両の形式

その新幹線が走る区間

新幹線の名前

このマークが付いている新幹線は、走っているところをDVDでみることができる。はじめから全部みることも、好きな新幹線を選んでみることもできる。

くわしくなろう！

データ表

その新幹線が走る距離。編成によって走る距離は変わるが、その新幹線が走るいちばん長い距離を表している。

データ

最高時速
時速**260**km
座席数
934人分
距離
222.4km
編成
F編成（**12**両）

その新幹線が出すことができるいちばん速いスピード。1時間に何km走ることができる速さを表している。

その新幹線全体の座席数。

車両の種類や、車両のつなぎ方のちがいを、アルファベットで表したもの。

北陸新幹線
東北新幹線
上越新幹線
長野新幹線

地図と路線図

新幹線がとまる駅と、日本のどこを走っているかが分かる。

長野新幹線
東北新幹線　上越新幹線　　　　　　　　　　　　　　　北陸新幹線

榛名　安中　ガーラ湯沢（冬だけの駅）　軽井沢　佐久平　上田　長野　金沢
東京　上野　大宮　熊谷　本庄早稲田　高崎　高原　上毛　湯沢　越後　浦佐　長岡　三条　燕　新潟

＊本書は2011年3月に出版された『DVD付き 新幹線大集合！スーパー大百科』を基に新規項目追加、改訂したものです。

新幹線ってなんだ!?

新幹線の歴史

新幹線は日本を代表する鉄道。より速く、乗り心地がよくなるように研究が進められ、研究の成果は新しい新幹線の車両にどんどん取り入れられていった。1964年の0系新幹線の登場からはじまった新幹線の進化の歴史をみてみよう。

1980年　　**1990年**

JR東日本
- 1982年 200系
- 1992年 400系
- 1994年 E1系
- 1997年 E2系
- 1997年 E3系こまち
- 1997年 E4系

JR東海
- 1985年 100系
- 1964年 0系
- 1992年 300系

JR西日本
- 1997年 500系

JR九州

国鉄時代　日本の鉄道は、1985年まで国鉄（日本国有鉄道）というところが運営をしていたが、1987年4月からJRグループ（JR東日本、JR東海、JR西日本、JR九州）が運営をしている。

1. 専用の線路

新幹線は専用の線路で、踏切がない。高いところに線路がつくられていて、そのほかの鉄道や道路と立体交差をしている。そのためじゃまになるものがなく、スピードを出すことができる。

山形新幹線と秋田新幹線はミニ新幹線なので、在来線の区間には踏切がある。走るスピードも時速130kmくらい。

新幹線といえば、とても速いスピードで走る特急列車の王様ですが、新幹線の特徴を知っていますか？　在来線とのちがいは何でしょう。知っているようであまり知られていない新幹線のひみつをみてみましょう。

日本の技術がつまっているよ！

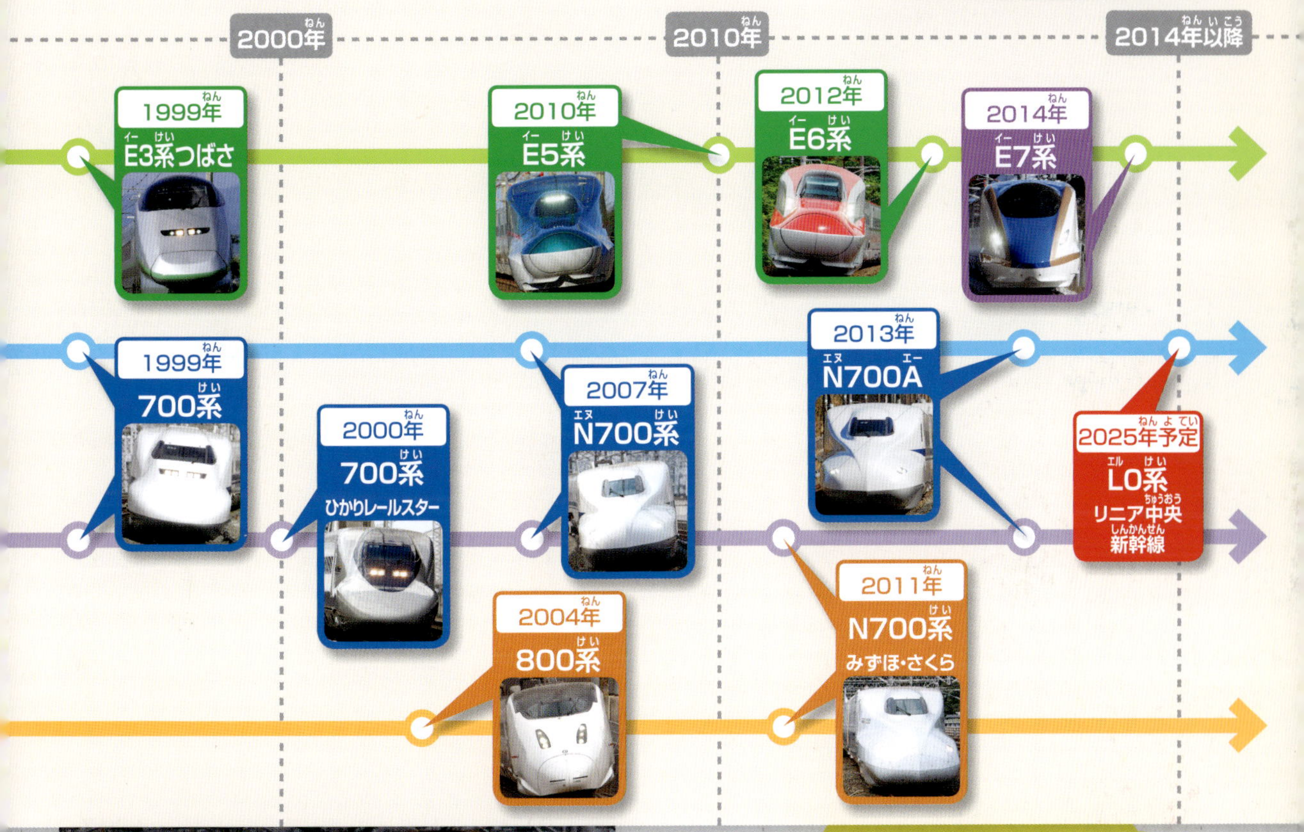

| | 2000年 | | 2010年 | | 2014年以降 |

1999年
E3系つばさ

2010年
E5系

2012年
E6系

2014年
E7系

1999年
700系

2000年
700系
ひかりレールスター

2007年
N700系

2013年
N700A

2025年予定
L0系
リニア中央新幹線

2004年
800系

2011年
N700系
みずほ・さくら

2

2. はばが広く、カーブが少ない線路

新幹線は、在来線よりも線路のはばが広い。新幹線は1435mmで、在来線は1067mm。土台がコンクリートでできた、しっかりしたつくりのものが多い。また、新幹線はカーブがとても少ない。カーブがあってもゆるいので、スピードをあまり落とさずに走ることができる。

新幹線の特徴

3. 時速200km以上のスピード

新幹線の車両は、使われているモーターや台車がふつうの電車にくらべてとても性能がよい。パワーがあるので最高時速200km以上のスピードを出すことができる。

3

上越・長野新幹線
じょうえつ・ながの しんかんせん

大宮から新潟までをむすぶ上越
新幹線は、高崎から長野新幹線
に分かれます。長野新幹線はさ
らに石川県の金沢まで、北陸新
幹線として走ります。

E7系
イーけい

E4系
イーけい

路線図
ろせんず

長野新幹線
ながのしんかんせん

榛名　安中
はるな　あんなか

ガーラ湯沢（冬だけの駅）
ゆざわ　ふゆ　えき

東北新幹線
とうほくしんかんせん

上越新幹線
じょうえつしんかんせん

東京　上野　大宮　熊谷　本庄早稲田　高崎　高崎　上毛高原　越後湯沢
とうきょう　うえの　おおみや　くまがや　ほんじょうわせだ　たかさき　こうさき　じょうもうこうげん　えちごゆざわ

E2系あさま

E2系とき

座席数ランキング!

上越・長野新幹線地区

1位 E4系（16両編成）……**1634**人分

2位 E7系……………………………**934**人分

3位 E2系（とき・たにがわ）…………**814**人分

○軽井沢 ○佐久平 ○上田 ○長野 北陸新幹線 ○金沢
※2015年開通予定

○浦佐 ○長岡 ○三条 ○燕 ○新潟

北陸新幹線
東北新幹線
上越新幹線
長野新幹線

データ

DVD

E7系

あさま　東京 ↔ 長野

2014年3月15日から、東京〜長野間で運転を開始したE7系は、白を基に青や銅といった伝統色に身を包んだ新幹線。最高時速260キロメートルで走る。2015年の3月からは、東京〜金沢をむすぶ。

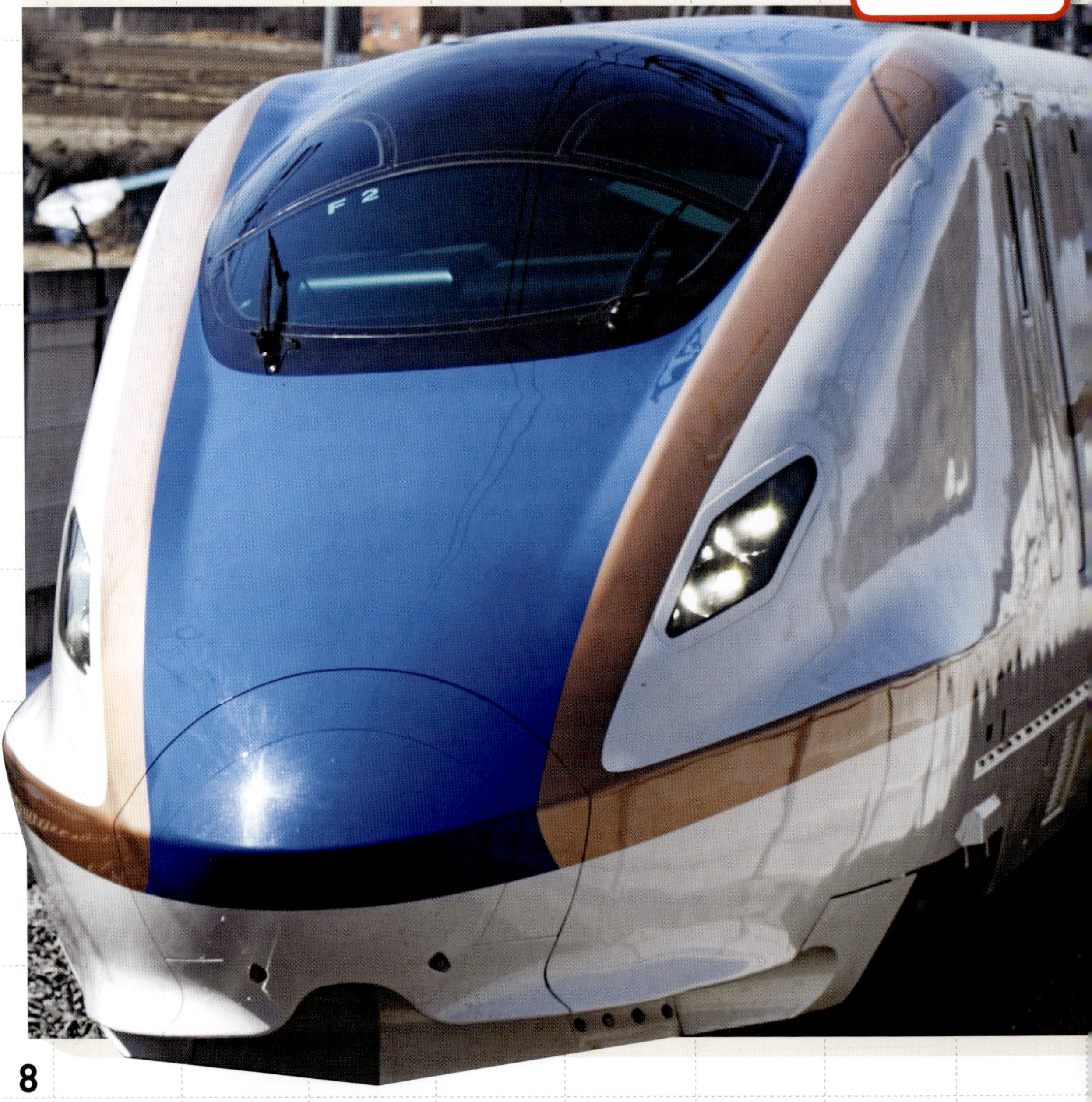

【装備】

ヘッドライト

E7系のヘッドライトはたてにふたつならんでいる。遠くまで明るく照らすことができる。

地震感知ですぐにストップ！

E7系は地震などの異常が伝えられると、より短い時間でブレーキをかけ、安全に止まる。

ワンモーションライン

先頭車両は、ワンモーションラインという形。流線形で、空気の抵抗を受けにくい。

日本一新しい新幹線が
雪国をかけぬける!!

【内装】

普通車

普通車の座席は赤く、車内はおちついたふんいき。

コンセント

窓側と座席の後ろにコンセントが付いていて、どの座席でもコンセントが使える。

グリーン車

グリーン車の座席は大きく、
ゆったりと座ることができる。

読書灯

グリーン車の読書灯は、
それぞれの座席のせもた
れに付いている。

電動レッグレスト

グリーン車の座席には電動で出し入
れできるレッグレストが付いており、
足をのばして休むことができる。

11

グリーン車よりもごうか
【グランクラスの座席】

グランクラス

E7系の12号車は、飛行機のファーストクラスをお手本にしたグランクラス車両。座席は18席しかなく、グリーン車よりも広いつくりなので、ゆったりとすわることができる。

グランクラスマーク

グランクラスの入り口につづくデッキには、グランクラスのマークと、四季をイメージした赤いかざり柱が付いている。先頭車両側のデッキには冬のかざり柱があり、反対側のデッキには、春・夏・秋のかざり柱がある。

【装備】

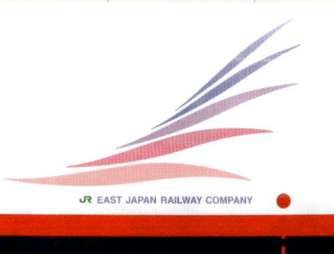

マーク

さわやかな風をイメージしたあさまのマーク。

長野県の浅間山のそばを走る E2系「あさま」。「あさま」の名前は浅間山から名付けられた。

上越・長野新幹線

普通車座席

むらさき、緑、青の3色の座席がきれいな普通車。

【内装】

荷物だな

あさまが走るところは、スキー場が多いので、車内にはスキー板が入るようなせの高い荷物だながある。

あさまの車体は赤の細いラインが特徴。

DVD

E2系

とき・たにがわ　東京 ⟷ 新潟・越後湯沢

東北新幹線で「はやて」や「やまびこ」として活やくしているE2系が、2011年1月からは、上越新幹線の「とき」や「たにがわ」としても走っている。長野新幹線を走る「あさま」とは、ラインの色がちがう。

データ

最高時速
時速**240**km

座席数
814人分

距離
333.9km

編成
J 編成（**10**両）

16

ピンク色_{いろ}の細_{ほそ}いラインが特徴_{とくちょう}のＥ2系_{けい}は、「とき」として東京_{とうきょう}から新潟_{にいがた}、「たにがわ」として東京_{とうきょう}から越後湯沢_{えちごゆざわ}をむすびます。

【内装_{ないそう}】

読書灯_{どくしょとう}

1000番台_{ばんだい}の車両_{しゃりょう}のグリーン車_{しゃ}の座席_{ざせき}には、読書灯_{どくしょとう}がついている。

グリーン車座席_{しゃざせき}

座席_{ざせき}が2列_{れつ}ずつ並_{なら}んでいるので、どの座席_{ざせき}もゆったりと座_{すわ}れる。

普通車座席_{ふつうしゃざせき}

大_{おお}きめの窓_{まど}が付_ついているため、ながめがよい。

17

DVD

E4系

Maxとき・Maxたにがわ　東京↔新潟・越後湯沢(冬は、東京↔ガーラ湯沢)

E4系は上越新幹線で、「Maxとき」や「Maxたにがわ」として走っている。朝や夕方のお客さんが多い時間には、E4系どうしが連結して走る。黄色のラインの車両と、ピンクのラインの車両がある。

データ

最高時速
時速**240**km

座席数
817人分

距離
333.9km

編成
P編成(**8**両)

P 12

【装備】

運転室

ノーズの長い先頭車両は前がみえづらくならないように、運転室が丸く出ている。これはキャノピー形といって、飛行機の運転室と同じ仕組み。

ヘッドライト

飛び出したヘッドライトも、風を外側に流す役目をするので、走るときに出る音が少なくなる。

マーク

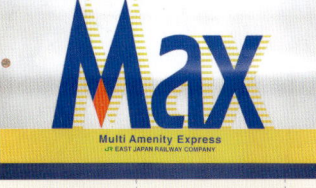

ラインの色がちがうと車両のマークもちがう。ピンクのラインの車両には、新潟県の鳥「とき」がえがかれている。

連結

E4系どうしが連結すると、世界一の座席数になる。

ガーラ湯沢駅

冬は、ガーラ湯沢スキー場にたくさんの人が来る。ガーラ湯沢駅はスキーをする人たちのために、冬だけ新幹線が停車する。

【内装】

普通車自由席

自由席はたくさんの人が乗れるように座席が3列ずつある。

19

新幹線の安全を守るお医者さん

ドクターイエ

DVD

車内からみたようす。パンタグラフ
観測台は、3号車と5号車にある。

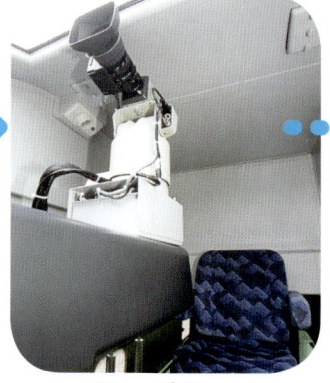

カメラの横には座席があり、
座って観測ができる。

**ドクター
ポイント！**

パンタグラフ
観測台

パンタグラフのそばには架
線をうつすカメラがあり、
架線にいじょうがないかを
調べることができる。

ワイパーが付いているので、
雨の日でもちゃんとうつすこ
とができる。

**ドクター
ポイント！**

先頭車両の
カメラ

線路をうつす。線路のよう
すを車内からでもチェック
することができる。

**車内には
ひみつが
いっぱい！**

ドクターイエローは東海道・山陽新幹線のけんさをするための車両です。700系をもとにしてつくられた黄色い車体が特徴です。先頭車両とパンタグラフの近くにカメラが付いていて、架線や線路をうつして調べることができます。

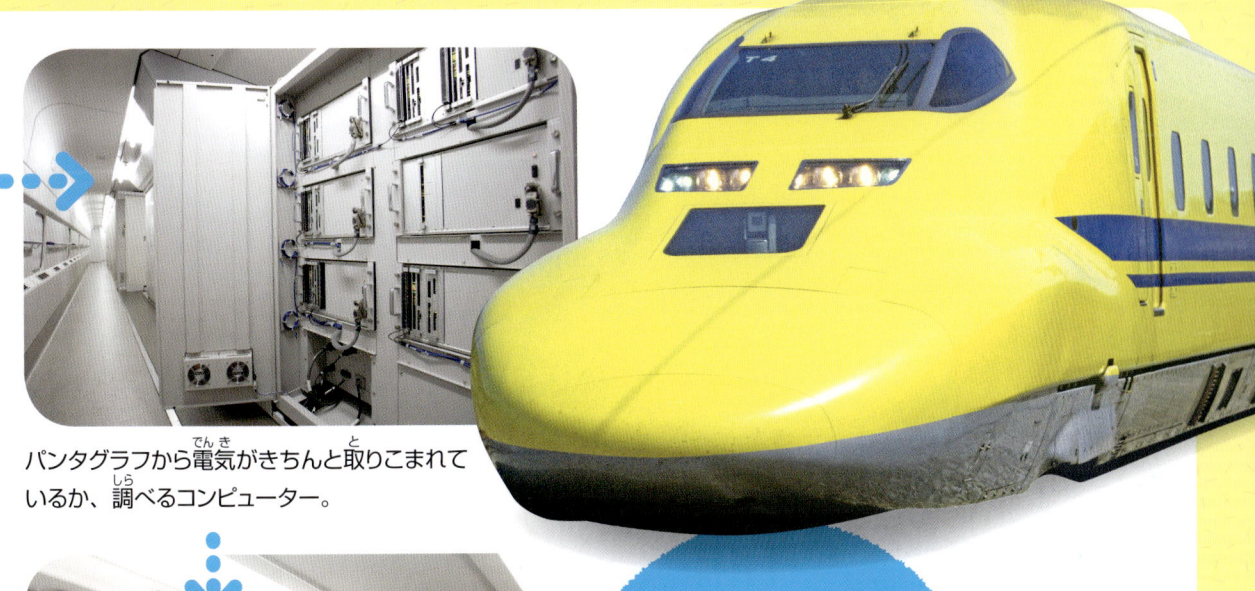

パンタグラフから電気がきちんと取りこまれているか、調べるコンピューター。

測定室のようす。大きなモニターなどがあり、建物の中のようなふんいき。

測定室

ドクターイエローの車内はコンピューターがたくさんある測定室になっていて、色々なデータを確認することができる。

ドクターポイント！

けんさデータがひと目で分かるよ

架線は問題なし！

ドクターイエローが調べた色々なデータは、測定室に集めてチェックされる。

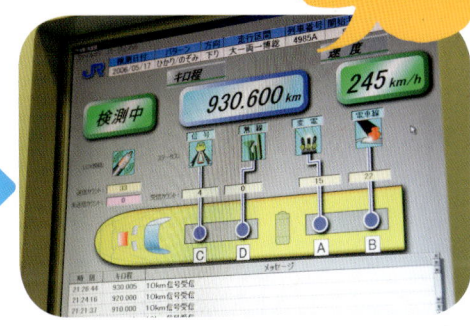

色々なけんさ結果がうつし出されたモニターのようす。

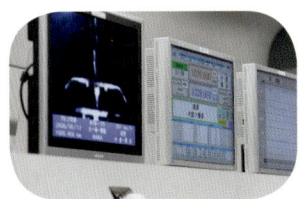

イーストアイ

ドクター
ポイント！

パンタグラフ
観測台

イーストアイは、4号車が
パンタグラフ観測台になっ
ている。

天井に付いているカメラ。パンタグラフ
と架線がよくみえる角度に付いている。

イーストアイに
も、ヘッドライ
トの下にカメラ
が付いている。

先頭車両の
カメラ

ドクター
ポイント！

ドクターイエローと同じよう
に、イーストアイにも先頭
車両にカメラがある。

みんなの
安全を
守るのだ！

マーク

英語で「イーストアイ」
と書かれている。

イーストアイは東北・秋田・山形新幹線と上越・長野新幹線をけんさする車両です。E3系をもとにしているので、ミニ新幹線の線路も走ることができます。赤い先頭車両とラインが特徴です。

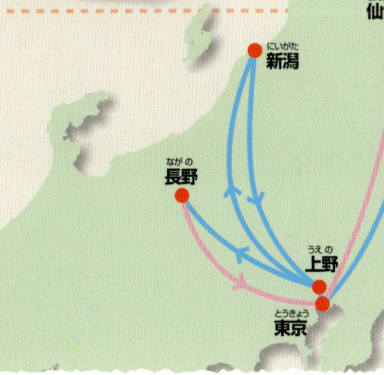

けんさの旅に出発!

新青森

仙台

新潟

長野

上野

東京

2泊3日のけんさの旅

イーストアイは、おもに東北・上越・長野新幹線を10日にいちど、3日かけてけんさをする。
ミニ新幹線の区間のけんさは、年に4回ほど。

1日目 仙台 → 東京 → 新潟 → 上野 → 長野

2日目 長野 → 東京 → 仙台

3日目 仙台 → 新青森 → 仙台

車内には、パソコンや打ち合わせ用のテーブルなども置かれている。

ミニ新幹線の線路も走れるのだ!

ドクターポイント!

測定室
同時に色々なデータをみることができるように、モニターがたくさんおいてある。

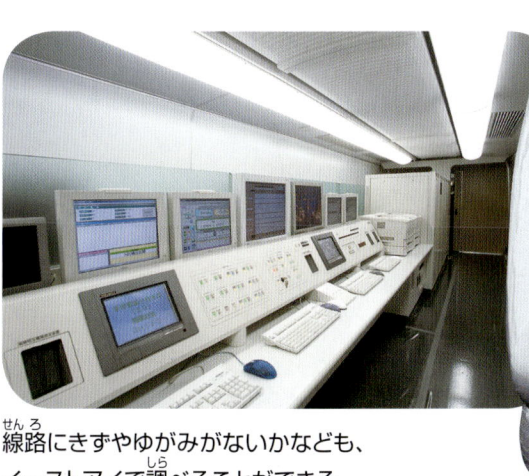

線路にきずやゆがみがないかなども、イーストアイで調べることができる。

東北・山形・秋田新幹線

2010年に新青森駅まで開通して、距離がのびた東北新幹線。福島で山形新幹線、盛岡で秋田新幹線に分かれます。E5系、E6系と新しい車両が次々に登場しています。

E5系

E6系

路線図

山形新幹線

米沢　高畠　赤湯　温泉　かみのやま　山形　天童　東根　さくらんぼ　村山　大石田　新庄

東北新幹線

東京　上野　大宮　小山　宇都宮　那須塩原　新白河　郡山　福島　白石蔵王　仙台　古川　くりこま高原　一ノ関　水沢江刺　北上

E2系

E3系

1000番代

2000番代

ノーズの長さランキング!

東北・山形・秋田新幹線地区

※ノーズとは、先頭車両のかたむいている部分のこと。

1位 E5系 ……………… **15m**

2位 E6系 ……………… **13m**

3位 E2系 ……………… **7.1m**

秋田新幹線
雫石　田沢湖　角館　大曲　秋田

新花巻　盛岡　いわて沼宮内　二戸　八戸　十和田　七戸　新青森

東北新幹線
山形新幹線
秋田新幹線

DVD

E6系
(イーけい)

こまち　東京（とうきょう）↔秋田（あきた）

2013年（ねん）に登場（とうじょう）したE6系は、まっ赤な車両（しゃりょう）が特徴（とくちょう）のミニ新幹線（しんかんせん）。「こまち」として最高時速（さいこうじそく）320キロメートルで走（はし）る、日本（にっぽん）でいちばん速（はや）い新幹線（しんかんせん）。

データ

最高時速（さいこうじそく）
時速（じそく）**320**km（キロメートル）

座席数（ざせきすう）
336人分（にんぶん）

距離（きょり）
662.6km（キロメートル）

編成（へんせい）
Z編成（ゼットへんせい）（**7**両（りょう））

【装備】

ヘッドライト

E6系のヘッドライトは、E7系と同じで、たてにふたつならんでいる。

スノープラウ

雪の多い東北地方を走るE6系。雪よけのスノープラウで雪をかき分けながら走る。

アローライン

先頭車両は、アローラインという形。走るときの音が静かになる。

運転席

運転席のようす。速度や時刻表など、必要なじょうほうは3つのモニターですぐに分かる。

E6系とE5系が連結して走る!!

E6系は E5系「はやぶさ」と連結して走る。
赤とエメラルドグリーンが合体してきれい。

連結器

【内装】

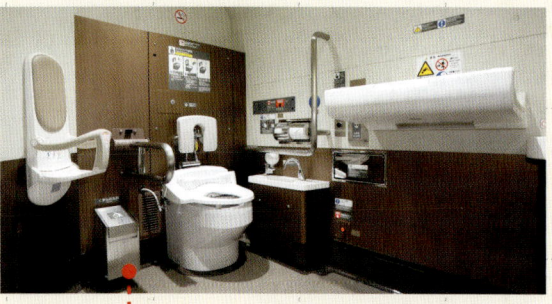

トイレ

車いすやお年寄りの人も使いやすいように、広くて手すりが付いているトイレもある。

カーテン

秋田県は「あきたこまち」というお米が有名。E6系のカーテンにも、稲のもようが入っている。

普通車

普通車の座席は黄色で、車内は明るいふんいき。

広いテーブル

いちばん前の座席は広いテーブルが付いている。コンセントもあるので、パソコンを使うことができる。

日本一のスピードで
東北地方をかけぬける!!

東北・山形・秋田新幹線

グリーン車

グリーン車の座席は大きく、ゆったりと座ることができる。

読書灯

グリーン車の読書灯は、荷物だなの下に付いている。

DVD

E5系
イーケイ

はやぶさ　東京 ↔ 新青森
とうきょう　しんあおもり

2011年に登場したE5系は、東北新幹線「はやぶさ」として最高時速320キロメートルで走り、E6系「こまち」と同じく日本でいちばん速い新幹線。車内には、グリーン車よりもさらにごうかなグランクラスがつくられた。

データ

最高時速
さいこうじそく
時速**320**km
じそく　　　　　キロメートル

座席数
ざせきすう
731人分
にんぶん

距離
きょり
713.7km
キロメートル

編成
へんせい
U編成（**10**両）
ユーへんせい　　りょう

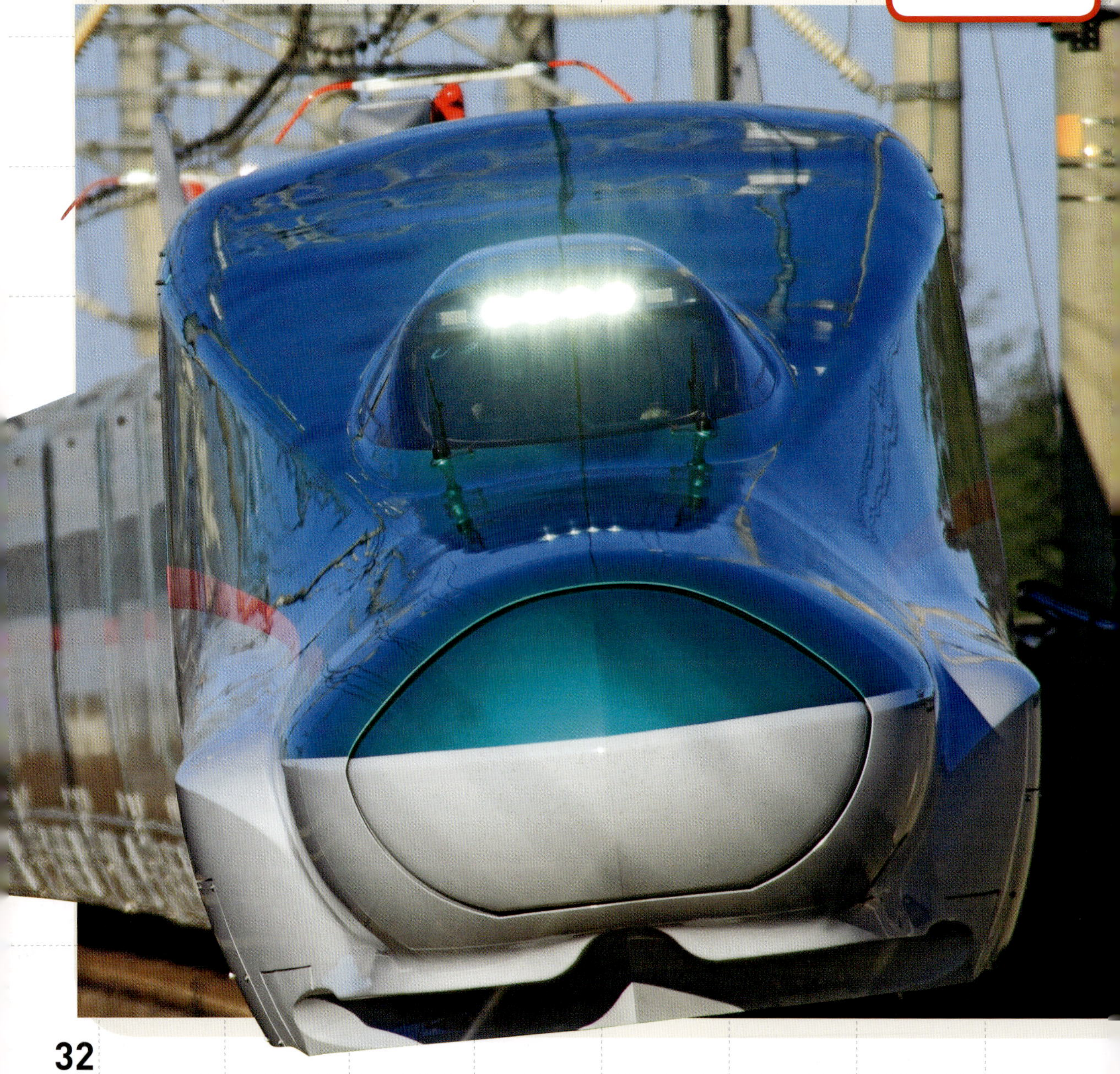

【装備】

スノープラウ

雪よけ。線路につもった雪をかき分けながら走る。

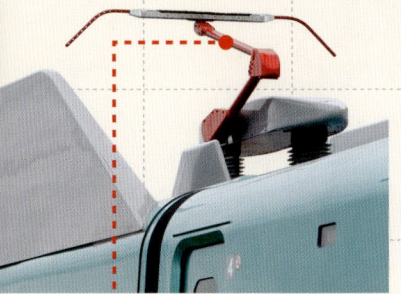

パンタグラフ

架線に流れる電気を取りこむためのそうち。E5系のパンタグラフは大きな音が出にくい「く」の字の形。

台車

台車には電車が走るために必要な車輪やモーターが付いている。カバーでおおわれていて、走る音が静か。

ダンパ

車両と車両の間に付いていて、車体のゆれをおさえるためのそうち。

ダブルカスプ形

「ダブルカスプ形」という形をした先頭車両。ノーズの長さは15メートルあり、新幹線の車両の中でいちばん長い。速いスピードでトンネルに入ったときの、音やゆれをおさえることができる。

グリーン車よりもごうか
【グランクラスの座席】

グランクラスの入り口

グランクラスの入り口には、グランクラスのマークが付いている。

座席はたったの18席!

飛行機のファーストクラスをお手本にしたグランクラスは、足元がとても広い。座席には本物の革が使われている。

デッキ

ホテルのロビーのようにきれいで、とても静かなデッキ。

荷物だな

グランクラスの荷物だなは飛行機のようにふたが付いている。荷物が落ちず、みた目もすっきりしている。

E5系の10号車は、グリーン車よりももっとごうかな「グランクラス」。「アテンダント」という人が、お手伝いをしたり、飲み物を座席に運んだりしてくれる。

読書灯

グランクラスの読書灯は自由に角度を変えることができる。

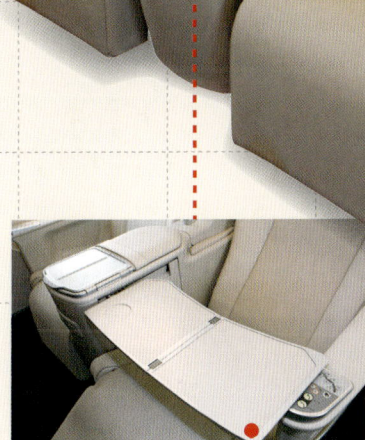

コンセント

全部の座席にコンセントが付いていて便利。

ダイニングテーブル

ひじかけの横から、大きなテーブルが出てくる。

コントロールパネル

せもたれなどを動かしたり、アテンダントをよぶスイッチが付いている。

DVD

E3系
イー けい

つばさ 　東京 ⟷ 新庄
とうきょう　しんじょう

山形新幹線「つばさ」として走るE3系は、ほかの新幹線よりもひと
やまがたしんかんせん　　　　　　　　　　はし　イー けい　　　　　　しんかんせん
回り小さく「ミニ新幹線」とよばれている。2008年に400系の代
まわ　ちい　　　　しんかんせん　　　　　　　　　　　　　ねん　　　けい　か
わりになる2000番代の車両が新しく登場した。
　　　　　ばんだい　しゃりょう　あたら　とうじょう

データ

最高時速
さいこうじそく
時速**240**km
じそく　　　　キロメートル

座席数
ざせきすう
394人分
にんぶん
（2000番代）
ばんだい

距離
きょり
421.4km
キロメートル

編成
へんせい
L編成（**7**両）
エルへんせい　　りょう

2000番代
ばんだい

1000番代
ばんだい

連結器

「つばさ」は、福島までE2系「やまびこ」と連結して走る。

【装備】

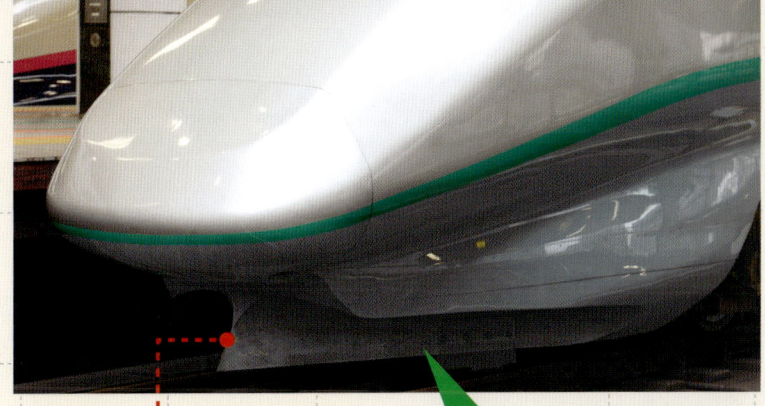

マーク

車体には鳥のつばさをイメージしたマークが付いている。

スノープラウ

E3系にも、もちろん雪よけのスノープラウが付いている。

雪の中を走る「つばさ」。スノープラウで雪をかき分けて走る。

2000番代

1000番代

ヘッドライト

1000番代と2000番代の大きなちがいはヘッドライトの形。

E2系
<ruby>E2系<rt>イーけい</rt></ruby>

はやて・やまびこ　東京 ↔ 盛岡

2002年に東北新幹線が盛岡から八戸までのびたときに登場したのが、E2系「はやて」。車体のピンク色のラインはつつじの花をイメージしている。東京から盛岡までは、E3系「こまち」と連結して走る。

データ

最高時速
時速**275**km

座席数
813人分
（1000番代）

距離
713.7km

編成
J編成（**10**両）

フルアクティブサスペンション

ゆれをおさえるそうち。センサーがゆれを感（かん）じると、コンピューターによってゆれをおさえようとする力（ちから）が働（はたら）く。速（はや）いスピードでもゆれにくく、乗（の）り心地（ここち）がよくなる。E2系（けい）には、先頭車両（せんとうしゃりょう）とグリーン車（しゃ）に付（つ）いている。

ダンパ

車体（しゃたい）と車体（しゃたい）をつなぎ、車体（しゃたい）をゆれにくくするそうち。

【装備（そうび）】

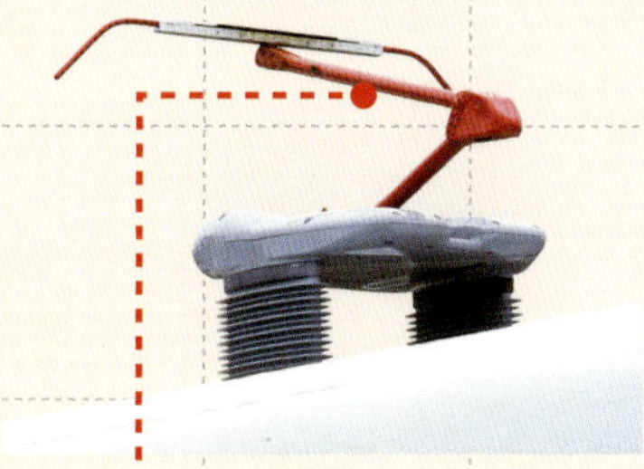

パンタグラフ

大（おお）きな音（おと）が出（で）にくいつくりなので、カバーが付（つ）いていない。

ヘッドライト

E2系（けい）のヘッドライトは、運転席（うんてんせき）の上（うえ）に4つ付（つ）いているのが特徴（とくちょう）。

マーク

りんごをイメージした「はやて」のマーク。

引退した新

0系

1964年に東海道新幹線が開業したのと同時に登場した、日本の新幹線の車両第1号。東海道・山陽新幹線を44年間走り続け、2008年に引退した。新幹線を代表する、人気の車両。

最高時速

220km キロメートル

400系

1992年の山形新幹線の開業に合わせて登場した、最初のミニ新幹線。「つばさ」として17年活躍した。300系まではずっと白い車体だったので、銀色の車体はとても新しく話題になった。

最高時速

240km キロメートル

幹線①

今は引退していますが、長い間活躍していた車両があります。どんな車両があったのかみてみましょう。

> 今と全然ちがうね

ポイント!
普通車座席

一部の普通車は2列ずつ座席がならぶ。普通車の座席を2列ずつにしたのも、0系が最初。ひかりレールスターや九州新幹線の車両のお手本になっている。

ポイント!
運転席

昔ながらの運転席はモニターがなく、機器なども古い形。

> 緑色もあったよ！

ポイント!
グリーン車

400系のグリーン車は座席が2列と1列でならび、とてもゆったりしていた。

> こっちは普通車

ポイント!
連結

E4系と連結して走っていた400系つばさ。2001年までは200系とも連結して走っていた。

41

引退した新

100系

2011年に引退した100系は、0系をもとにしてつくられた。1985年に「ひかり」として登場したときは、2階建ての車両もあり、ご飯を食べることができる食堂車や、個室も付いていた。

最高時速

230km

200系

200系も、0系新幹線をもとにしてつくられた車両。東北新幹線では、「やまびこ」や「なすの」として、上越新幹線では「とき」や「たにがわ」として活やくした。2013年に引退した。

最高時速

240km

幹線②

引退した新幹線には、つい最近まで走っていた車両もあります。どんな車両か見てみましょう。

300系

300系は1992年に登場した。すでに走っていた0系、100系、200系とは形が大きく変わり、100系より時速60キロメートルも速く走ることができた。登場から20年後の2012年に引退した。

最高時速

270km キロメートル

E1系

1994年に登場したE1系は、日本ではじめてつくられた、全ての車両が2階建ての新幹線。東北・上越新幹線で活やくし、2012年に引退した。

最高時速

240km キロメートル

東海道・山陽新幹線

東京から新大阪までが東海道新幹線、新大阪から博多までは山陽新幹線です。東海道・山陽新幹線では「のぞみ」「ひかり」「こだま」が走っています。

N700A（エヌ・エー）

N700系（エヌ・けい）

700系（けい）
ひかりレールスター

路線図（ろせんず）

山陽新幹線（さんようしんかんせん）　　　　　　　　　　　　　　　　**東海道新幹線**（とうかいどうしんかんせん）

博多	小倉	新下関	厚狭	新山口	徳山	新岩国	広島	東広島	三原	新尾道	福山	新倉敷	岡山	相生	姫路	西明石	新神戸	新大阪	京都	米原
はかた	こくら	しんしものせき	あさ	しんやまぐち	とくやま	しんいわくに	ひろしま	ひがしひろしま	みはら	しんおのみち	ふくやま	しんくらしき	おかやま	あいおい	ひめじ	にしあかし	しんこうべ	しんおおさか	きょうと	まいばら

◎「のぞみ」「ひかり」のとまる駅（えき）　　●「ひかり」のとまる駅（えき）　　＊「こだま」は全ての駅（すべ・えき）にとまります

44

700系〔けい〕

500系〔けい〕

走る本数〔はし ほんすう〕ランキング!

東海道・山陽新幹線地区〔とうかいどう さんようしんかんせんちく〕

※2014年04月1日現在〔ねん がつ にちげんざい〕
レイルマンフォトオフィス調べ〔しら〕

1位〔い〕 N700系〔エヌ けい〕 ……………………… **237本〔ほん〕**

2位〔い〕 700系〔けい〕 ……………………………… **72本〔ほん〕**

3位〔い〕 700系〔けい〕（ひかりレールスター） …… **44本〔ほん〕**

4位〔い〕 500系〔けい〕 …… **19本〔ほん〕**

東海道新幹線〔とうかいどうしんかんせん〕
山陽新幹線〔さんようしんかんせん〕

岐阜羽島〔ぎふはしま〕
名古屋〔なごや〕
三河安城〔みかわあんじょう〕
豊橋〔とよはし〕
浜松〔はままつ〕
掛川〔かけがわ〕
静岡〔しずおか〕
新富士〔しんふじ〕
三島〔みしま〕
熱海〔あたみ〕
小田原〔おだわら〕
新横浜〔しんよこはま〕
品川〔しながわ〕
東京〔とうきょう〕

N700A
エヌ　エー

データ

のぞみ　東京 ↔ 博多
とうきょう　はかた

2013年に登場したN700Aは、N700系をもとに改良された新幹線。Aは英語の「Advanced（進歩、前進という意味）」を表している。「のぞみ」や「ひかり」、「こだま」として、東海道・山陽新幹線を走る。

最高時速	
時速 **300** km	
座席数	
1323 人分	
距離	
1174.9 km	
編成	
G・F編成（ **16** 両）	

よりはやく、より安全に、きょうも日本をかけぬける!

N700系とのちがい

マーク

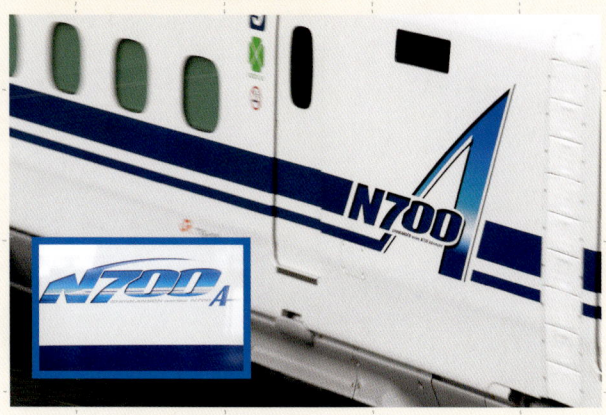

N700系からマークがかわり、2種類の新しいマークがある。大きなAのマークが付いた車両はN700Aとして新しく製造された車両。小さなAのマークは、もともとN700系だった車両を改造して、N700Aにした車両。

ブレーキ

N700系のブレーキよりも、より短い距離で止まることができる高性能ブレーキ。

台車振動検知システム

台車に伝わる振動に反応して、小さな故障もみのがさない台車振動検知システムを設置。

定速走行装置

線路のさまざまな情報を信号でうけて、自動で運転を制御する装置。より安定した走行ができる。

【機能】

電力回生ブレーキ

N700AとN700系の車両は、ブレーキをかける力でモーターを動かし、電気をつくることができる。つくられた電気は架線にもどされ、ほかの列車が走るために使われる。

ブレーキ（電気をつくる）　　　加速（電気を使う）

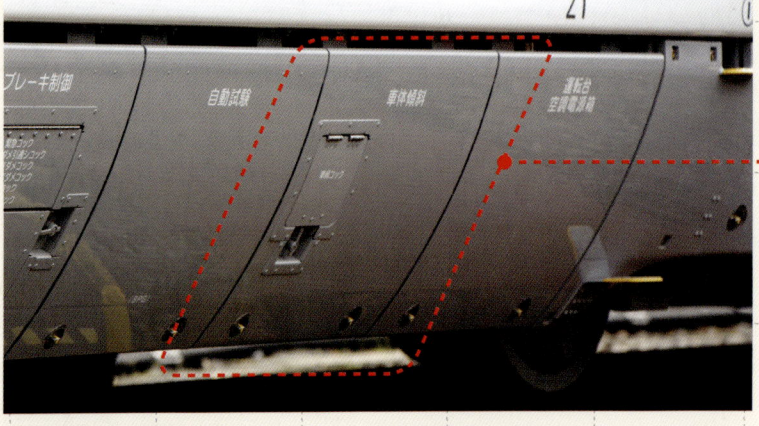

車体傾斜装置

車両のゆか下にある、車体をかたむける装置。カーブでもスピードを落とさずに走ることができる。おかげで、東京と新大阪の間を走る時間が5分ちぢまった。

【内装】

グリーン車

N700Aのグリーン車の車両のかべには、制振パネルが使用されている。走行中の振動がおさえられるので、さらにかいてきな車内になっている。

普通車

N700系の普通車にはなかった吸音構造が、床に使われている。

エアロダブルウイングが風を切って走る！

エアロダブルウイング形

先頭車両は「エアロダブルウイング」とよばれる形。鳥が羽を広げた形をしており、風をうまくにがして走る。

防犯カメラ

各デッキには防犯カメラが設置され、乗客の安全を守っている。

洗面台

洗面台やトイレなどの照明には、LEDが使われていて、N700系にくらべて電力を20％節約できる。

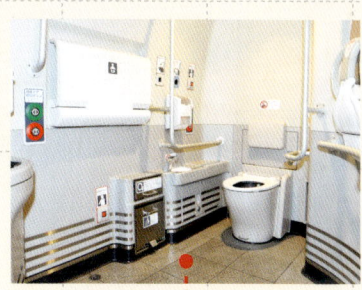

多目的トイレ

一部の車両には、広い室内の多目的トイレが設置されている。

49

DVD

N700系
（エヌけい）

データ

最高時速（さいこうじそく）
時速**300**km（じそくキロメートル）

座席数（ざせきすう）
1323人分（にんぶん）

距離（きょり）
1174.9km（キロメートル）

編成（へんせい）
Z・N編成（**16**両）（ゼットエヌへんせい・りょう）

のぞみ 東京⟷博多（とうきょう・はかた）

2007年に登場したN700系は、700系をもとにしてつくられた。東海道・山陽新幹線「のぞみ」として、最高時速300キロメートルで走る。乗り心地がよく、地球にやさしいつくり。

パンタグラフとしゃ音板

パンタグラフは小さく、しゃ音板もあるので走るときに大きな音が出ない。

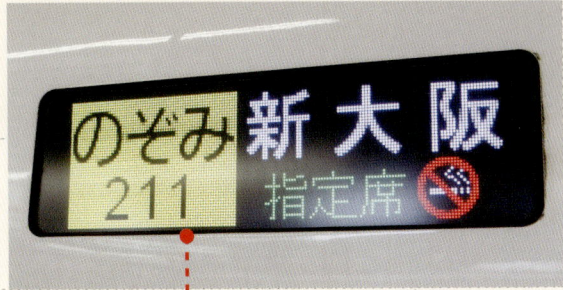

【装備】

行先表示器

明るくてカラフルなライトが使われていて、行き先がみやすい。

ヘッドライト

HIDランプという特別なランプ。とても明るい光で、遠くまで照らすことができる。

全周ホロ

車両の連結部分はホロでぐるりとおおわれている。車両の表面のでこぼこをへらして、風にじゃまされずに静かに走ることができる。

台車スカート

車輪が付いている台車にもスカートというカバーを付けて、表面のでこぼこをへらしている。このため、走るときに出る音が小さくなる。

DVD

700系

データ

最高時速
時速**285**km

座席数
1323人分

距離
732.9km

編成
C・B編成(**16**両)

ひかり・こだま　東京 ↔ 博多

JR東海とJR西日本がいっしょに考えてつくった700系は、300系がもとになっている。アヒルのくちばしのような形をした先頭車両が大きな特徴。

C52

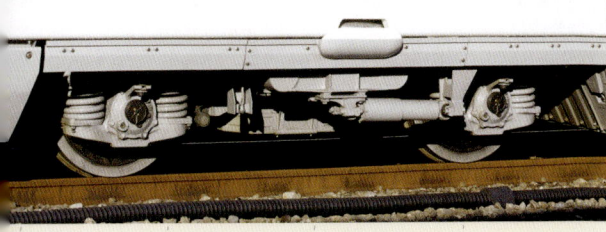

【装備】

JR700

マークのひみつ

700系にはJR東海（C編成）の車両とJR西日本（B編成）の車両がある。運転室のドアのすぐ横に「JR700」と書いてある車両がJR西日本のもの。JR東海の車両にはマークが付いていない。

台車

車両のゆれは空気の力やカーブなど、いくつかの原因がある。700系にはゆれをおさえるそうちが付いている台車もある。

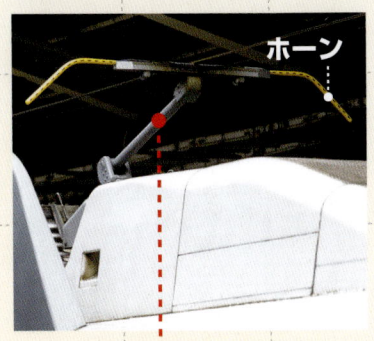

ホーン

SHINKANSEN Series 700

マーク

車体に付いている700系のマーク。

パンタグラフ

700系のパンタグラフは、ホーンという部分にあながあいている。走るときに大きな音が出ないようにするための工夫。

ヘッドライト

700系のヘッドライト。表面はでこぼこがなく、風にじゃまされにくいつくり。

エアロストリーム形

先頭車両はエアロストリーム形といって、両はしのくぼみが風を外側に流しながら走るので、音が出にくくなる。

700系

ひかりレールスター・こだま　新大阪 ↔ 博多

「ひかりレールスター」は、山陽新幹線だけを走る車両。白い700系とちがい、車内には「コンパートメント」という4人用の部屋があり、ごうかなつくりになっている。2011年の春からは「こだま」としても走るようになった。

データ

最高時速
時速**285**km

座席数
571人分

距離
622.3km

編成
E編成（**8**両）

オフィスシート

車内（しゃない）で仕事（しごと）をする人（ひと）のための座席（ざせき）。コンセントがあり、パソコンを使（つか）うことができる。

運転席（うんてんせき）

モニターが3つある運転席（うんてんせき）。

【内装】（ないそう）

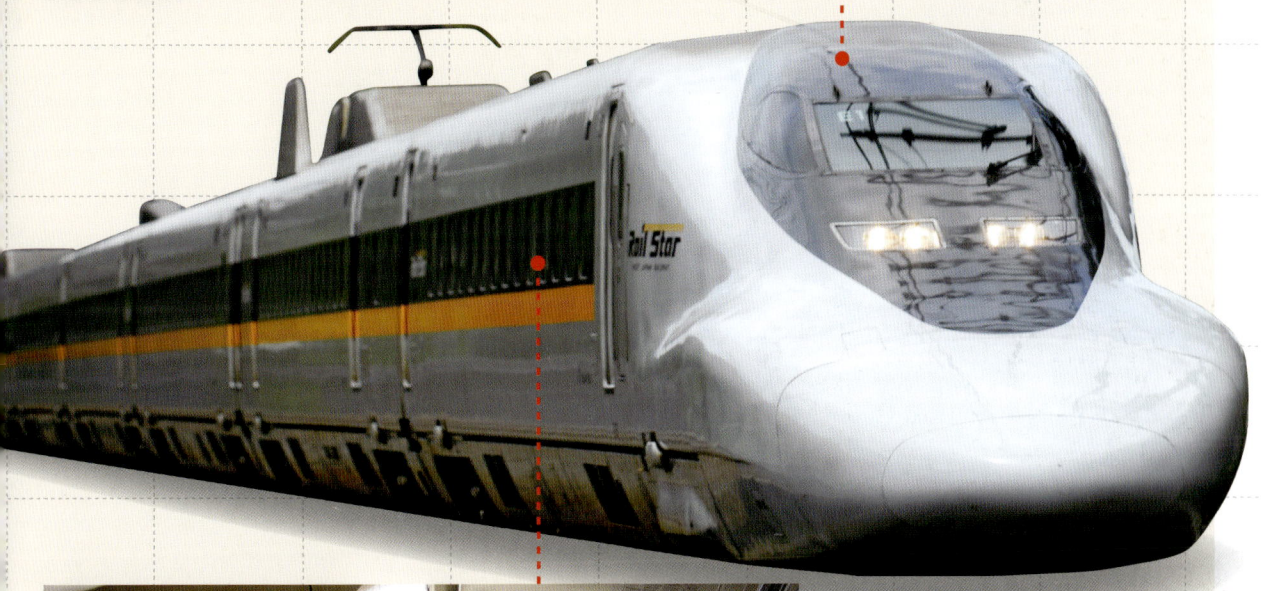

コンパートメント

グループで旅行（りょこう）をするときに便利（べんり）な4人用（にんよう）の部屋（へや）。とても大（おお）きなテーブルがある。コンパートメントは全部（ぜんぶ）で4つ。

マーク

レールスターのマークには、流（なが）れ星（ぼし）が付（つ）いている。「スター」は星（ほし）のこと。

500系

データ

こだま　新大阪 ↔ 博多

500系は、速いスピードを出すことをいちばんに考えてつくられた車両。ジェット機のようにとがった先頭車両や、細くて丸い車体が特徴。1996年に「のぞみ」として登場し、今は「こだま」として山陽新幹線で活やくしている。

項目	データ
最高時速	時速285km
座席数	608人分
距離	622.3km
編成	V編成（8両）

細長い先頭車両
ほそなが　せんとうしゃりょう

先頭車両は、かわせみという
せんとうしゃりょう
鳥のくちばしをもとにしてつ
とり
くられた。空気を切りさくよ
くうき　き
うに走ることができる。
はし

【装備】
そうび

JR 500 WEST JAPAN

マーク 500系のマーク。WEST JAPAN
けい　ウエスト　ジャパン
は西日本を表している。
にしにほん　あらわ

丸いボディ
まる

500系は丸いつつのような形をしている。風にじゃま
けい　まる　かたち　かぜ
されず、静かに速く走ることができる。
しず　はや　はし

実際の運転席
じっさい　うんてんせき

【運転席】
うんてんせき

運転席は、速く走るために小さくつ
うんてんせき　はや　はし　ちい
くられている。天井までガラスに
てんじょう
なっているのが特徴。
とくちょう

お子様向け運転台
こさまむ　うんてんだい

8号車にある、お子様向け運転台。
ごうしゃ　こさまむ　うんてんだい
色々な機器を動かして遊べる。
いろいろ　きき　うご　あそ

運転士さんの仕事

毎日たくさんの人を目的地へ運ぶ新幹線。その運転をするのが運転士さんです。時間通り安全に運転するために、色々なことに気を配っています。運転士さんの仕事をみてみましょう。

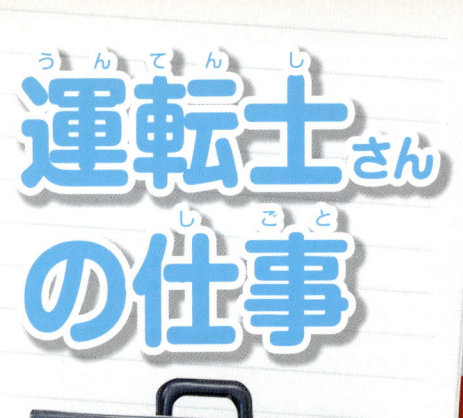

今日も安全第一!

スタート!

1 乗務表を取り出す

自分が運転する列車の乗務表を取り出す。乗務表とは、運転する列車の時刻がひと目で分かるもの。

運転士さんの かばんの中

乗務表や、何かあったときに読む説明書などが入っている。

点検はしっかり!

8 ICカードを入れる

ICカードをセットする。運転台のモニターに停車駅や通過時刻など、必要な情報がうつされる。

7 運転室をすみずみまで確認する

運転室に入っても、すぐに運転はしない。まずは運転室の機器やハンドル、たくさんのスイッチなどを声に出しながらチェックしていく。チェックするところは何十か所もある。

9 ヘッドライト、車輪を確認

外に出て、ヘッドライトがきちんとついているか、台車にいじょうがないかを確認したら、いよいよ出発。

ヘッドライトよし!

10 車掌さんと確認

まもなく列車が始発駅に到着! 車掌さんが乗りこむと連らくがくる。

2 時計を合わせる

運転所にある時計と同じ時刻に、運転士用の鉄道時計を合わせる。

3 ICカードを取り出す

ICカードにはこれから運転する列車に関する色々な情報が入っている。

4 アルコールけんさ

お酒を飲んでいないかどうか、専用のけんさ器に息をふきかけてけんさをする。

さぁ、頑張るぞ！

6 列車へ移動する

車庫へ行き、担当する列車の運転室に入る。

5 常務点呼

担当する列車の時刻や注意点を、乗務表をみながらふたりで確認をし、あいさつをして出発。

出発進行！

11 お客さんを乗せて運転開始！

お客さんの乗りおりが終わり、車掌さんから出発の合図が出たら、いよいよ運転開始。運転中も天候や列車の運行情報など、色々なことに気を配りながら運転していく。

運転席からのようす

向こうからは500系が走ってきた。

列車を止めるブレーキ（上）と動かすマスコン（下）。

車掌さんの1日

車掌さんは、お客さんが安全に乗りおりできるように列車のドアを開けしめしたり、列車の中で気持ちよくすごせるように、車内を確認して回ったりする仕事です。まずは、「車掌所」という車掌さんが集まる場所に向かいます。

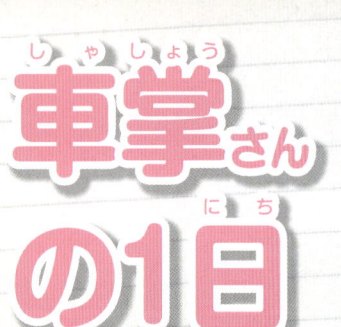

車掌さんの持ち物

切符を発券する機械(上)。
乗っているお客さんの座席や行き先を書きこむ座席表(下)。

1 時計を合わせる

車掌所においてある時計と同じ時刻に、うで時計を合わせる。

スタート!

6 検札

お客さんの切符をみて回る。

5 車内放送

色々な情報を、お客さんに放送で案内する。

出発進行!

7 シートをもとにもどす

お客さんが使った後もたおれたままになっているシートは、もとの位置にもどす。

8 車内の温度管理

車内を快てきな温度にするために、エアコンを調整するのも車掌さんの仕事。

2 乗務点呼

担当する列車の時刻や注意点をふたりで確認する。この後、ホームへ移動する。

列車に乗るためにホームへ移動する。

列車到着!

3 乗降確認

発車してよいかどうか、ホームにある信号機を確認する。お客さんの乗りおりがすんでいることを確認したら、合図をしてドアをしめる。

4 出発

運転士さんに出発の合図を送り、発車。発車後もきけんがないように、車掌室内からホームを確認する。

今日の乗務も安全に終わり、車掌所にもどる。

10 乗務後点呼

担当した列車の時刻の確認や、乗務中に問題がなかったかなどを報告し、あいさつをする。

停車位置よし!

9 停車位置の確認

列車が終着駅に到着!正しい停車位置に止まっているか確認する。

おつかれさまでした

11 乗務終了

手帳にはんこをおしてもらい、本日の乗務は終わり。

山陽・九州新幹線

2011年の春に九州新幹線が新八代から博多までのび、九州新幹線が全線開通。これにより、新大阪から鹿児島中央まで走る「みずほ」と「さくら」が登場しました。

800系

路線図

九州新幹線

山陽新幹線

◎鹿児島中央　○川内　○出水　○新水俣　○新八代　◎熊本　○新玉名　○新大牟田　○船小屋　○筑後　○久留米　○新鳥栖　◎博多　◎小倉　○新下関　○厚狭　○新山口　○徳山　○新岩国

◎「みずほ」と「さくら」がとまる駅　●「さくら」がとまる駅。「さくら」は列車ごとに停車駅が変わりますが、九州

N700系
（エヌ けい）

飛ばす駅の数ランキング！
（と ばす えき かず）

※ランキングは、停車しない駅の数をくらべたものです。
2014年3月15日現在レイルマンフォトオフィス調べ

九州新幹線地区
（きゅうしゅうしんかんせんちく）

1位 N700系みずほ ……………………………… **9駅**
（エヌ けい）（えき）

2位 N700系さくら ……………………………… **6駅**
（エヌ けい）（えき）

3位 800系つばめ …………………………………… **0駅**
（けい）（えき）

◎	○	○	○	○	○	◎	○	○	○	◎	◎
広島	東広島	三原	新尾道	福山	新倉敷	岡山	相生	姫路	西明石	新神戸	新大阪
ひろしま	ひがしひろしま	みはら	しんおのみち	ふくやま	しんくらしき	おかやま	あいおい	ひめじ	にしあかし	しんこうべ	しんおおさか

山陽新幹線
（さんようしんかんせん）

九州新幹線
（きゅうしゅうしんかんせん）

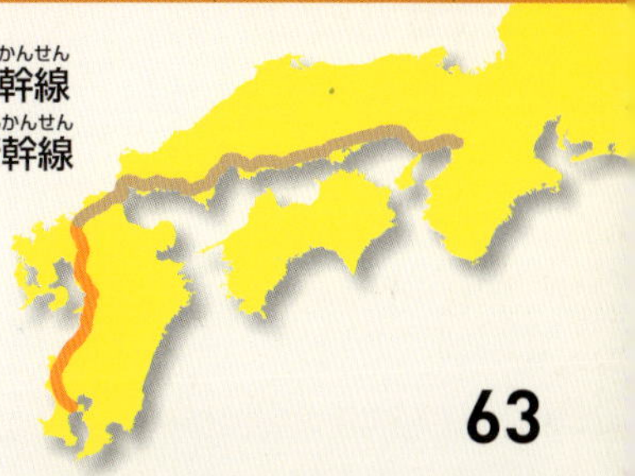

新幹線区間の全ての駅にとまります　＊「つばめ」は九州新幹線区間の全ての駅にとまります
（しんかんせんくかん　すべ　えき）　（きゅうしゅうしんかんせんくかん　すべ　えき）

DVD

N700系

みずほ・さくら　新大阪 ↔ 鹿児島中央

2011年にN700系「みずほ」と「さくら」が登場すると、新大阪と鹿児島中央の間を3時間45分でむすぶようになった。いちども乗りかえをしなくてよいので、とても便利になった。

データ

最高時速
時速**300**km

座席数
546人分

距離
911.2km

編成
S・R編成（**8**両）

【装備】

車体

「みずほ」と「さくら」の車体はうすい水色。青磁という焼き物の色をイメージしている。

マーク

JR西日本とJR九州がいっしょにつくった車両であるのが分かる。

ライン

「みずほ」と「さくら」は、こん色と金色のラインが特徴。

パワーアップしたN700系

「みずほ」と「さくら」は、九州新幹線の急な坂のある場所を走らなければいけないので、東海道・山陽新幹線の白いN700系よりもパワーが必要。そのため、全ての台車にモーターが付いている。

【内装】
ないそう

パウダールーム

女の人がおけしょうをしたり、身じたくを整えるための部屋。足元まで鏡があり、全身をみることができる。

デッキ

デッキのかべは木でできていて、温かいふんいき。

グリーン車

ゆったりと座れる座席は「シンクロナイズド・コンフォートシート」。

フットレスト

大きなフットレストのおかげで、足を長くのばして休むことができる。

日本のいいところを
つめこんで走る！

普通車指定席

手すりやテーブルなどたくさんの木が使われている車内。

普通車自由席

さくらの花と「市松もよう」の柄がきれいな自由席。

DVD

800系

けい

データ

最高時速
さいこうじそく
時速260km
じそく　　　キロメートル

座席数
ざせきすう
384人分
にんぶん

距離
きょり
288.9km
キロメートル

編成
へんせい
U編成(6両)
ユーへんせい　　りょう

つばめ・さくら　博多 ↔ 鹿児島中央
はかた　　　かごしまちゅうおう

新八代から鹿児島中央の間を走っていた800系「つばめ」は、
しんやつしろ　かごしまちゅうおう　あいだ　はし　　　　　　　けい
2011年に博多までのび、今までよりももっと便利になった。
ねん　はかた　　　いま　　　　　　　　　べんり
2009年には1000番代・2000番代が登場し、2011年にはさらに
ねん　　　ばんだい　　　ばんだい　とうじょう　　　　ねん
マークなども新しくなった。ほかにも「さくら」として走ることもある。
あたら　　　　　　　　　　　　　　　　　　　　はし

1000番代・2000番代

豪華な客室

車内は、各車両によってようすがちがう。金色にかがやくかべもあり、ごうかなつくり。

【内装】

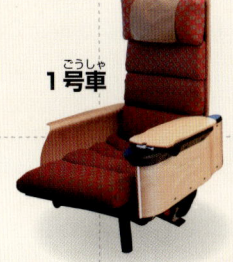
1号車

2号車

3号車

6号車

4号車

5号車

6種類の座席

座席の色やもようも、1号車から6号車まで全てちがう。

800系はドクターイエローの代わり!?

ドクターイエローが走らない九州新幹線は、800系が線路や架線のけんさも行っている。車両によって、できるけんさが決まっている。

［1000番代］U007・U009

1000番代のU007とU009は、線路のけんさをすることができるつくりになっている。

［2000番代］U008

2000番代のU008は架線のけんさができる。どちらもけんさをするときには、専用の機器が必要。

ヘッドライト

ヘッドライトは、カバーがもり上がっている。

69

0番代
ばん だい

【内装】
ない そう

座席
ざ せき

800系の座席には、木がたくさん
けい ざ せき き
使われていてやさしいふんいき。
つか

800系のあゆみ
けい

0番代が登場！
ばんだい とうじょう
2004年の九州新幹線の開業に合わせて登場。
ねん きゅうしゅうしんかんせん かいぎょう あ とうじょう
JR九州初の新幹線が生まれた。
ジェイアール きゅうしゅうはつ しんかんせん う

↓

1000番代・2000番代が登場！
ばんだい ばんだい とうじょう
今までよりもさらに車内をごうかにした、新しい
いま しゃない あたら
車両が2009年に登場。
しゃりょう ねん とうじょう

↓

800系のマークが変わった！
けい か
「さくら」としても走るので、車体に書かれてい
はし しゃたい か
た「つばめ」の文字は消え、マークが新しくなった。
もじ き あたら

新しい800系のマーク
あたら けい

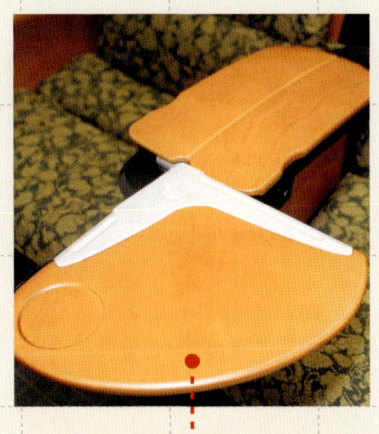

ブラインド

サイドテーブル

洗面台（せんめんだい）

ブラインドやテーブルも木（き）でできている。「つばめ」はトンネルの中（なか）を走（はし）っている時間（じかん）が長（なが）い。景色（けしき）がみられなくてもきゅうくつに感（かん）じないように、木（き）がたくさん使（つか）われていたり、白（しろ）いかべで明（あか）るくしたりして工夫（くふう）している。

木（き）でできた洗面台（せんめんだい）。い草（ぐさ）でできた、のれんがつるしてある。い草（ぐさ）は九州（きゅうしゅう）の熊本県（くまもとけん）でよく育（そだ）てられている。

日本（にっぽん）のいちばん西（にし）を一直線（いっちょくせん）に走（はし）り去（さ）る！

山﨑先生の 鉄道 写真教室

鉄道写真家
山﨑友也先生

新幹線の写真を自分でとってみましょう！はじめてでもだいじょうぶ。鉄道写真家の山﨑先生が教えてくれます。さあ、写真教室が始まりますよ！

スタート！

1 場所を調べる

まずはさつえい場所を決める。地図で場所を確認し、目的地への行き方を調べる。

2 時刻表をみる

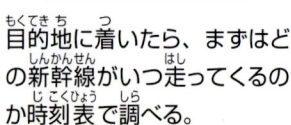

目的地に着いたら、まずはどの新幹線がいつ走ってくるのか時刻表で調べる。

5 カメラの設定を確認する

「スポーツモード」のような、速く動いているものをとるときの設定にしておこう。人が走っているマークが目印。わからないときは大人の人に設定してもらおう。

4 うつすはんいを決める

かっこいい写真をとるために、写真をとる前に仕上がりを予想してうつすはんいを決めておこう。

このへんかな…？

3 位置を決める

どの地点から新幹線をさつえいするか決める。

あそこに決めた！

ワンポイント！

線路の中には絶対に入ってはいけません。また、きけんな場所はさけましょう。

6 さあ、いよいよ さつえいだ!

N700系が 走ってきたぞ!

新幹線の車両は速いので、あっという間に走り去ってしまう。決めておいた、うつすはんいを思いうかべながら、あせらずシャッターをおそう。

カメラの かまえ方

両わきを しめる

かた幅

両わきをしめて足はかた幅に開く。こうすると体が安定して、カメラがぶれにくくなる。

ワンポイント!

デジタルカメラは、シャッターをおしてからうつるまで少し時間がかかります。そのため先頭車両が切れてしまったのです。シャッターは少し早めにおしましょう。また、運転のじゃまになるので、電車をうつすときは、絶対にフラッシュを使ってはいけません。

7 写真を みてみよう!

パシャ!

うーん むずかしい!

うまくとれたと思ったけれど、顔の部分が切れてしまっていた。

8 うまくとれた!

パシャ!

ヤッター!!

先生のアドバイス通り、少し早めにシャッターをおす。今度は車両が切れず、きれいにとることができた!

同じカメラで先生もとったよ!

なれてきたら、シャッターをおすのを、写真の右の角にちょうど先頭車両がうつる位置までがまんしましょう。そうすれば、ほらこの通り!

これからの新幹線

リニアモーターカー

リニアモーターカーは、強力な磁石の力でういて走る乗り物。長い間「夢の乗り物」として研究が進められていたが、いよいよ完成が近づいてきている。

【先頭車両】

空気にじゃまされずより静かに走るために、先頭車両も色々な形で研究されている。

（過去の実験車両）

MLX 01

東京側と甲府側で先頭車両の形が変えてある。東京側は飛行機をお手本にしたエアロウェッジ形、甲府側は鳥のくちばしのようなダブルカスプ形になっている。

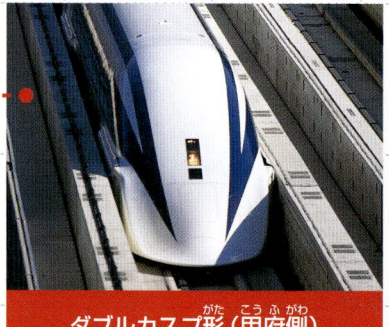

ダブルカスプ形（甲府側）

エアロウェッジ形（東京側）

MLX 01-901

先頭車両のノーズの長さは23メートルもある。

MLX 01-901A

ノーズの長さは15メートルになり、真ん中が少しくぼんでいる。

今は山梨県にある実験線でテストが行われているが、2025年に「リニア中央新幹線」が開通し、はじめてのリニア新幹線車両「L0系」が時速500キロメートルというすごいスピードで走るようになる。東京と大阪が約1時間でつながるのだ。

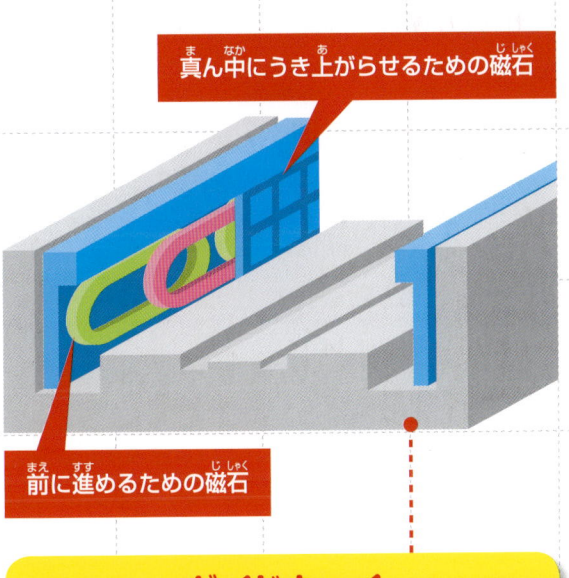

真ん中にうき上がらせるための磁石

前に進めるための磁石

ガイドウェイ

リニアモーターカーは、線路ではなく「ガイドウェイ」とよばれるところを走る。ガイドウェイのかべには、前に進めるための磁石と、車両をガイドウェイの真ん中にうき上がらせるための磁石が付いている。

超電導磁石

車両には、「超電導磁石」というとても強力な磁石が付いている。この超電導磁石と、ガイドウェイの磁石どうしが、おしたり引いたりする力によってリニアモーターカーは車体をうかせ、とても速く走ることができる。

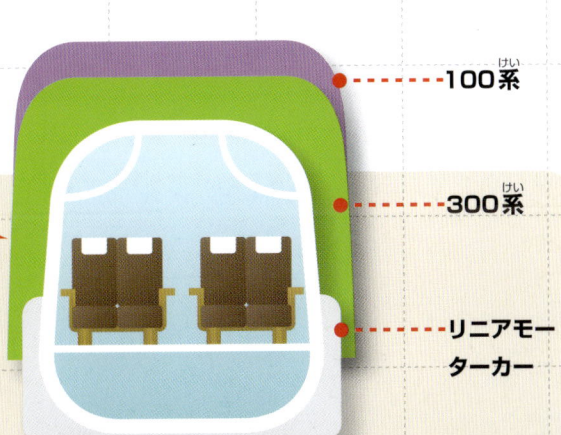

100系

300系

リニアモーターカー

各車両の断面図

車体の仕組み

飛行機に使われている技術は、リニアモーターカーにも活かされていて、ういて走るために車体はとても軽くつくられている。また新幹線よりも車両は小さい。より空気にじゃまされず速く走ることができる。

これからの新幹線
しんかんせん

フリーゲージトレイン

新幹線は在来線よりも線路のはばが広い。フリーゲージトレインは車輪のはばを自由に変え、新幹線と在来線のどちらも走ることができる車両。九州新幹線の長崎ルートで走ることを目指している。

【機能】
きのう

台車
だいしゃ

フリーゲージトレインの車輪は、左右に動かすことができる。ふだんは動かないように固定されているが、ガイドレールを通る間はロックが外され車輪が動く。

新幹線と在来線の線路の間にガイドレールというレールがしかれている。このガイドレールを通っている間に車輪のはばが変わる。

写真提供：共同通信社

車輪のはばが変わるひみつ
しゃりん か

走りながらはばを変えることができるように、新幹線と在来線との線路の間に「ガイドレール」がついている。このそうちによって新幹線と在来線がつながるので、乗りかえをしなくてもよくなる。

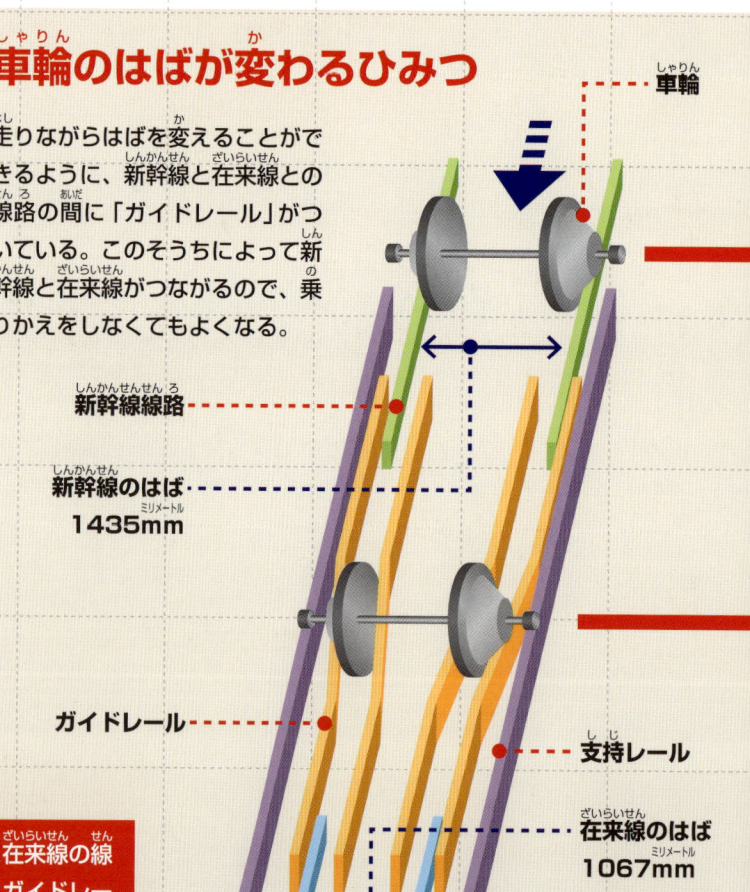

車輪

新幹線線路

新幹線のはば
1435mm（ミリメートル）

ガイドレール

支持レール

在来線のはば
1067mm（ミリメートル）

在来線線路

最高時速は新幹線では270キロメートル、在来線は130キロメートルを予定している。

【内装】

新幹線を走るとき

新幹線線路

新幹線車両

運転席

フリーゲージトレインの運転席。

ガイドレールを走るとき

ガイドレール
支持レール

フリーゲージトレイン

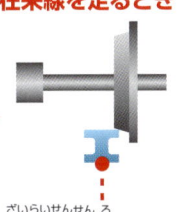

在来線を走るとき

在来線線路

車内

2号車の車内にだけ、乗り心地などを確かめるための座席が付いている。

新幹線なんでもランキング

1位

2位

3位

最後に新幹線を全て集めて、各車両が持つ色々な能力をくらべてみましょう!
どの車両がいちばんになるでしょうか?

パワーランキング
編成出力くらべ

編成出力は、車両の全てのモーターが出す力の強さ。たくさんの人を運ぶ車両はモーターがたくさん付いていてパワーも強い。

2位

3位

1位

N700A
N700系

編成出力へんせいしゅつりょく
17080 kw
キロワット

E4系(16両編成)

編成出力へんせいしゅつりょく
13440 kw
キロワット

700系(C・B編成)

編成出力へんせいしゅつりょく
13200 kw
キロワット

ゴージャスランキング
車内くらべ

1位

E7系 あさま　E5系 はやぶさ

グリーン車よりもさらにごうかなグランクラスがあるのは、E7系とE5系だけ。

78

最高時速くらべ

スピードじまんの車両はノーズも長い。長いノーズは速く走るための工夫なのだ。

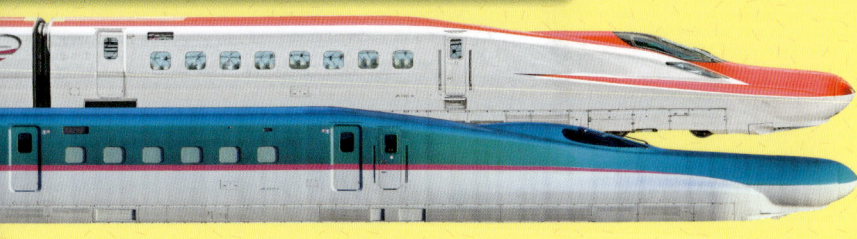

E6系 こまち
E5系 はやぶさ

最高時速さいこうじそく
320km キロメートル

N700系
のぞみ・みずほ・さくら

最高時速さいこうじそく
300km キロメートル

500系こだま
700系ひかり・ひかりレールスター

最高時速さいこうじそく
285km キロメートル

スタミナランキング
走行距離くらべ

新大阪と鹿児島中央を結ぶ「みずほ」と「さくら」が登場し、山陽・九州新幹線が2番目に長くなった。いちばん短いのは長野新幹線の「あさま」で、222.4km走る。

2位

3位

1位

東海道・山陽新幹線
のぞみ（東京ー博多）

走行距離そうこうきょり
1174.9km キロメートル

山陽・九州新幹線
みずほ・さくら
（新大阪ー鹿児島中央）

走行距離そうこうきょり
911.2km キロメートル

東海道・山陽新幹線
ひかり（名古屋ー博多）

走行距離そうこうきょり
808.9km キロメートル

2位

N700系
みずほ・さくら

九州新幹線の車両はどれも車内のつくりがごうか。「みずほ」と「さくら」には、800系にないグリーン車がある。

3位

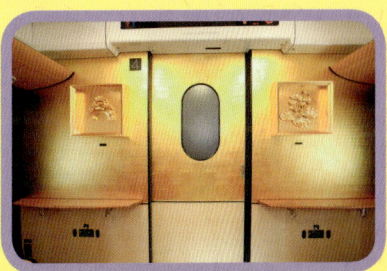

800系
つばめ

800系にはグリーン車はないが、革ばりの座席や金ぱくがはられたかべなどがあり、ごうかなつくり。

新幹線早見表
しんかんせんはやみひょう

ひと目で形式と最高時速が分かる早見表です。形や速さのちがいをくらべてみましょう。

0系
けい

最高時速 さいこうじそく
時速220km
じそく キロメートル

100系
けい

最高時速 さいこうじそく
時速230km
じそく キロメートル

200系
けい

最高時速 さいこうじそく
時速240km
じそく キロメートル

300系
けい

最高時速 さいこうじそく
時速270km
じそく キロメートル

400系
けい

最高時速 さいこうじそく
時速240km
じそく キロメートル

500系
けい

最高時速 さいこうじそく
時速285km
じそく キロメートル

700系
けい

最高時速 さいこうじそく
時速285km
じそく キロメートル

700系
けい
ひかりレールスター

最高時速 さいこうじそく
時速285km
じそく キロメートル

N700系
エヌ けい

最高時速 さいこうじそく
時速300km
じそく キロメートル

N700系
エヌ けい
みずほ・さくら

最高時速 さいこうじそく
時速300km
じそく キロメートル

N700A
エヌ エー

最高時速 さいこうじそく
時速300km
じそく キロメートル

800系
けい

最高時速 さいこうじそく
時速260km
じそく キロメートル